知名人氣料理部落客

饗瘦美味

Eat, Enjoy, Be Fit.

64 delicious yogurt recipes

U0050682

Contents

Part 1

健康、美麗與美味的 小祕密

百變優格

Part 2

低卡美味！

優格抹醬 &沙拉淋醬

Part 4

美味秒殺！

優格主食&配菜

Part 3

飽足無負擔！

優格元氣輕食

Part 5

營養豐富、滑順好喝！

優格湯品&飲品

Part 6

甜蜜下午茶好滋味！

優格點心

Delicious Yogurt

Part 1

健康、美麗與美味的小祕密

百變優格

「優格」這幾年儼然成為新健康、新飲食的
代名詞,而你搭上這股優格旋風了嗎?超市
架上的優格品牌與口味眾多,且不斷地推陳
出新,總是不知該從何下手?
不妨跟著我們一起來了解優格,並運用優格
的特殊性與健康取向來豐富我們的餐桌風
景,創造優格的百變新味蕾吧!

什麼是優格？

越來越多人愛吃優格*，其滑順香濃的口感總令人忍不住一口接一口，那你可知道優格有哪些營養成分嗎？本章節帶你一探究竟！

優格的營養價值高

優格是鮮奶經由乳酸菌發酵後分泌乳酸，使乳蛋白變性凝固而成的，因此含有鮮奶豐富的營養，如蛋白質、脂肪、乳糖、鈣、磷、鎂、鈉、鉀、鋅、銅與鐵等礦物質，還有維生素A、B、D等，是一個優質的全方位食物。

尤其優格經過乳酸菌發酵作用後，更能增加乳酸菌的攝取，幫助調節消化道內細菌叢的生態，還可將鮮奶中的大分子營養（如蛋白質、脂肪及乳糖）初步分解成小分子，讓人體更容易消化吸收，也可降低乳糖不耐的可能性。因此，每天來杯優格，對於排便順暢、消化、調整體質等均有莫大的健康好處。

優格的種類

市面上的優格種類不少，到底其中的口感、風味與營養差別在哪裡？要怎麼選擇？或者可以依個人的飲食習慣自己動手做，針對目前市面上常見的優格，我們特別提供以下幾種口味，供大家參考！

·傳統優格

利用乳酸菌分泌的乳酸去幫助鮮奶中的蛋白質變性凝結產生的固形物就是「優格」，其做法很簡單。當使用的發酵菌種不同時，也就會造成不同風味和不同口感的優格。

·希臘優格

希臘優格，也是大家常常聽到的「水切優格」，做法是將發酵好的傳統優格，利用濾網過濾掉水分（乳清），留下更紮實的固形物，口感濃稠綿密，更優於傳統優格。

製作時濾出的乳清千萬不能丟掉，其富含乳酸及蛋白質的液體，可以用來取代烘焙時的水分，或是添加些氣泡飲料調製成美味飲品。

·冰島優格

冰島優格（skyr）雖名為優格，但實際上卻是一種口感類似優格的新鮮起司。做法是讓殺菌後的脫脂鮮奶發酵，等到結塊時，再瀝掉乳清所製成，口感偏酸但卻綿密濃郁。

·豆漿優格

近年來，為了不喝鮮奶或純素的族群，也開發出純素的豆漿優格。以豆漿取代鮮奶和乳酸菌作用的豆漿優格，除了提供好菌外，黃豆富含的膳食纖維及大豆異黃酮，對於更年期婦女及運動後的低卡、高蛋白營養補給，豆漿優格是一個很好的選擇。

*註：優格在港澳地區稱為「乳酪」。

絕不失敗！美味健康的優格DIY

　　市面上的優格，通常為了產品的穩定及容易被接受的風味，往往會添加過多的糖和膠體，無形中造成身體負擔且售價也偏高，讓人較難以融入日常生活。

　　自己動手做優格，只要一瓶鮮奶、一包品質優良的發酵菌粉，等待乳酸菌幾個小時的賣力工作後，美味的優格就可以輕鬆完成！不僅省錢，又可依照自己的喜好挑選乳品及發酵菌粉，簡單做出自己喜愛的優格。

DIY傳統優格

　　自製傳統優格大致分為「常溫發酵」和「定溫發酵」兩種方式，各有其優缺點，大家可以找出最適合自己的製作方式！

・常溫發酵

　　做法最簡單，只要將發酵菌粉和鮮奶充分混合，靜置在室溫中約24～48小時即完成。一般我們會選用在室溫中可以發酵的「常溫菌種」，如添加「克菲爾菌」或「酵母菌」。

　　長時間在開放式空間發酵，要注意別讓空氣中的落菌給汙染。此外，若室溫溫差變化大時，發酵時間會難以控制，也就會影響優格成品的口感。

point

・這幾年，市面上也出現一些標榜「零失誤快速做優格」的方式，只要將優格粉和鮮奶攪拌數分鐘，馬上就能享用。
要特別注意這類優格粉的成分內容，除了乳酸菌之外，若含有大量的膠類、澱粉等添加物，則表示不是利用乳酸菌發酵原理製作的「健康真優格」，而是打著乳酸菌名號，利用這些添加物產生的膠體作用形成類似優格口感的「化學優格」。

菌種	最適生長溫度
克菲爾菌	20～25℃
酵母菌	20～30℃
保加利亞乳桿菌	45～50℃
嗜熱鏈球菌	40～50℃
嗜酸乳桿菌	35～38℃
比菲德氏菌	37～43℃

· 定溫發酵

　　大多選用發酵能力佳的「保加利亞乳桿菌」及「嗜熱鏈球菌」製作，發酵溫度約40～45℃，因所需時間短加上溫度穩定，做出來的優格無論在品質或口感方面都較常溫發酵佳。

　　常見定溫發酵的方式就是選擇一臺溫度穩定的優格機，如果不想另外購買優格機，也可以試試傳統電鍋，利用保溫的方式製作。不過，每臺電鍋保溫溫度不一，建議加購一臺控溫器，用來精準控制鍋內溫度在40～45℃，就可以輕鬆做出品質好、口感佳的優格。

　　另外，這陣子市面很流行的舒肥機，也可以把溫度精準控制在40～45℃，應用於優格製作方面。或是家中有燜燒鍋的朋友，也可以試著先將燜燒鍋外鍋放入少許熱水，再用內鍋裝鮮奶加熱至40～45℃，與菌粉充分混勻後，放回燜燒鍋中，運用保溫的方式也可以製作美味優格！

▶ 常溫發酵及定溫發酵的優缺點

	常溫發酵	定溫發酵
溫度	24～30℃	40～45℃
發酵時間	24～48 小時	6～12 小時
菌種	克菲爾菌 + 酵母菌	乳酸菌
優點	・不需另購優格機	・發酵時間短 ・溫度穩定，發酵品質佳 ・不易汙染 ・口感較佳
缺點	・發酵時間長 ・容易雜菌汙染 ・口感酸澀	・需購買優格機 ・溫度會影響發酵狀態

DIY希臘優格

　　希臘優格亦是水切優格，是將發酵好的傳統優格，再經過「過濾」步驟，濾掉水分（乳清），留下更紮實的固形物，常見做法如下：

・利用市售希臘優格盒

　　將傳統優格直接放入希臘優格盒的濾網中，蓋上蓋子，進冰箱冷藏約12～48小時，將傳統優格中的乳清濾除，濾網中過濾出的固形物即為希臘優格。

point
・過濾時間越長，濾除的乳清越多，留下的希臘優格質地就越紮實，可依照個人喜好決定過濾時間。

· 利用自製容器

準備濾紙、濾袋或豆漿袋,套在容器上(袋子較大時可使用橡皮筋或繩子固定濾袋),再將優格放入濾袋中,蓋上蓋子或是封上保鮮膜,放進冰箱冷藏約12～48小時。

point

· 要特別注意重複使用的濾袋或豆漿袋,使用前最好先用滾水燙過殺菌,避免汙染優格。

梅森罐做法

濾網做法

不可不知！
優格製作六大關鍵

1.器具需以沸水或酒精消毒殺菌

自製優格時的所有器具，洗淨後務必保持乾燥，最好用沸水燙過或噴些可食用酒精進行消毒殺菌，以防器具不乾淨，導致雜菌汙染影響優格品質。

2.鮮奶以100%生乳製成為佳

鮮奶挑選時，要注意看包裝上的原料成分，不要選用添加過多添加物的還原鮮奶，以100%生乳製成的鮮奶最健康。

鮮奶保存不當，變質酸敗，導致發酵失敗。

另外，鮮奶的新鮮度也會影響優格成品，因此鮮奶開封後最好立即使用，若鮮奶開封已久，甚至對口喝過，在未經適當殺菌狀況下，也同樣會有雜菌汙染的問題產生，最好不要用。

3.盡量不保留部分自製優格當作菌種

菌種經過反覆發酵，通常乳酸菌活性會下降，產乳酸能力會降低，造成發酵狀態難以掌握，導致優格品質不穩定。加上保留菌種的過程中容易讓雜菌入侵，甚至壞菌多於好菌，反而達不到讓身體更健康的目的。

4.使用不鏽鋼或耐熱玻璃器皿較安全

優格發酵後帶微酸,PH值約4～5之間,若使用塑料或唐瓷彩料材質的容器,可能會融出有害物質,長期食用恐會影響健康,所以建議發酵的容器以不鏽鋼或耐熱玻璃器皿較安全。

5.每次挖取時務必使用乾淨、乾燥的湯匙

優格發酵時,最好可以採用分杯發酵的方式,取用時直接拿出一杯食用,較不易有汙染的風險。若不方便採取此方式,以一整鍋進行發酵,建議每次挖取優格時使用乾淨、乾燥的湯匙,才能避免雜菌汙染。

6.保存期不宜過長

一般發酵完成的優格可以冷藏保存7～10天,如果有反覆挖取食用,建議盡量控制在7天內食用完畢,以免接觸空氣或餐具時,增加汙染變質的機會。

優格保存過久,粉紅色為霉菌汙染。

簡單美味好菌多！優格五大妙用

健康美味的優格，除了可以直接食用外，還能應用於烘焙、各式料理及飲品中增添風味，甚至也可以自製優格面膜，由內而外淋漓盡致發揮優格的百變風貌。

1.軟化肉質，讓肉類柔軟多汁

優格富含乳酸，可以在醃肉、醃魚的醃料中，加入少許的優格，進冰箱冷藏數小時後進行烹調，即可達到嫩化肉質作用。

2.讓麵包組織細緻，口感鬆軟

這幾年很流行在麵團中加入適量優格取代水分，雖然經過高溫烘烤後好菌早已死光，但在發酵的過程，乳酸菌可以幫助發酵，進而讓麵團在發酵過程中組織較為細緻，烘烤出來的口感較為鬆軟，也相對增加麵包的濕潤度，延緩麵包快速老化、過乾的問題。此外，優格清爽的酸味應用在點心中，也可以達到爽口解膩，吃起來無負擔。

3.健康低熱量，取代美乃滋、酸奶油或鮮奶油

吃生菜沙拉時，以優格取代美乃滋調製沙拉醬，口感清爽，深受大家的喜愛。而酸奶油和鮮奶油雖然美味，但高熱量也有滿滿的罪惡感，建議利用水切後的希臘優格部分或是全取代，不僅美味不減，健康卻會大大提升。

4.天然美味無添加,優格飲品

利用優格或是乳清,加入新鮮水果打成果汁,也可以和碳酸飲料、酒一起調製,輕鬆製成健康美味的飲品。

5.自製優格面膜,打造水嫩肌

優格中富含的乳酸,是一種天然的弱酸性物質,具有類似果酸的功能,能促進肌膚新陳代謝、柔嫩肌膚。除了直接將優格敷在臉上10～15分鐘外,也可將優格與綠豆粉混合成黏稠狀敷臉,10～15分鐘後輕輕搓揉臉部,達到去角質的作用,後續依個人習慣進行清潔保養。

了解優格的營養價值,也學會優格的基本做法,更知道優格還可以如此多變應用,那準備好跟著我們來體驗優格的百變魅力了嗎?

一起來動手試試吧!

Part 2

低卡美味！

優格抹醬&沙拉淋醬

傳統沙拉醬主要成分是大量植物油、蛋黃和醋，藉由油脂和蛋黃充分攪拌形成的乳化作用，成了沙拉醬的基底，再搭配不同配料，變化成各式口味。

使用優格取代傳統高油脂的沙拉醬，除了降低熱量外，也可從中攝取鈣質及乳酸菌，這才會讓你在享受美食之餘，也不用擔心發胖！

YOGURT
Sauces

酪梨抹醬

希臘優格可以取代奶油乳酪、美乃滋等，減去熱量但仍有接近的風味和口感，利用這個特性我們可以創造出不同風味的抹醬，最適合做成各種小點心了！

食材

中型酪梨 ·················· 1顆
檸檬汁 ·················· 1/8顆
希臘優格 ·················· 70克
大蒜 ·················· 1瓣
橄欖油 ·················· 2小匙

point

· 製作抹醬、沙拉醬時使用的希臘優格，建議至少水切48小時以上，水分濾除越多，抹醬才不容易出水，口感會更美味！

做法

1- 大蒜壓泥備用。
2- 將酪梨果肉挖出，加入檸檬汁壓成泥。
3- 再加入優格、蒜泥、橄欖油調味拌勻。

Tuna Yogurt Spread

22

鮪魚抹醬

鮪魚富含蛋白質、EPA、DHA、脂溶性及水溶性維生素,營養豐富又方便取得,和美乃滋拌勻就是早餐三明治完美的餡料。現在用希臘優格代替美乃滋,減少了油脂、糖的攝取,營養不減還更健康!

食材

鮪魚罐頭 …… 120克
希臘優格 ……… 70克
洋蔥 ………… 30克
鹽 ……………… 2克
黑胡椒 ……… 適量

做法

1-將鮪魚罐頭擠乾水分備用。
2-將全部材料攪拌均勻即可。
3-美味的鮪魚抹醬即完成。

Tzatziki

希臘黃瓜優格醬

這道濃稠的優格醬有著大蒜和香草的香氣，大口吃下還有爽脆的小黃瓜丁，光吃這個醬就很有滿足感，拿來沾麵包也超對味，若配著炙烤肉串吃則讓烤肉更顯清爽，這個百搭醬料就是有著滿滿異國風情的Tzatziki希臘優格黃瓜醬！現在不用出國就能吃得到，快在家自己動手做吧！

食材

希臘優格⋯⋯⋯120克
小黃瓜⋯⋯⋯⋯1/2條
新鮮蒔蘿葉⋯⋯1大匙
※可用新鮮薄荷葉取代。

橄欖油⋯⋯⋯1/2大匙
大蒜⋯⋯⋯⋯⋯⋯1瓣
檸檬汁⋯⋯⋯⋯1/8顆
黑胡椒⋯⋯⋯⋯適量

做法

1- 將小黃瓜去皮後切丁，用鹽（材料份量外）抓醃後擠汁備用。
2- 將蒔蘿葉切碎，大蒜壓泥。
3- 將所有材料攪拌均勻即可。

Yogurt Hollandaise

YOGURT
Sauces

優格荷蘭醬

以奶油為基底的荷蘭醬是班尼迪克蛋的靈魂,這個食譜用優格取代了奶油,一樣有濃厚的口感,但更顯清爽。

食材

優格 ………… 200克
蛋黃 …………… 3個
檸檬汁 …… 1/4顆量
蒂戎芥末醬 … 1小匙
鹽 ………………… 適量
胡椒粉 ………… 適量

做法

1- 將蛋黃和優格混合均勻後(圖 1-1),隔水加熱至稍微濃稠,時間約15分鐘(圖1-2)。

2- 放涼後加入檸檬汁、蒂戎芥末醬、鹽和胡椒粉混合均勻。

point

· 優格和蛋黃液加熱時會顯得有點稀,但放涼後就會比較濃稠。

YOGURT
Sauces

明太子優格抹醬

這道菜最適合當Party的前菜,是一道簡單又方便的宴客料理。

食材

明太子 ………… 15克
優格 …………… 30克
糖 ………………… 10克
法國麵包 ……… 9片
煙燻鮭魚 ……… 9片
檸檬片 ………… 9片
新鮮巴西利 …… 適量

做法

1- 明太子去膜後,加入優格和
　 糖(圖1-1),一起攪拌均勻
　 備用(圖1-2)。

2- 法國麵包切片,抹上明太子
　 優格醬。

3- 最後鋪上煙燻鮭魚片、檸檬
　 片與新鮮巴西利即可。

1-1　　　1-2

Part 3

飽足無負擔！

優格元氣輕食

食慾不振的炎炎夏天，來一盤爽口開胃番茄羅勒優格沙拉；正是野餐的好日子，攜帶方便又簡單的美味蜂蜜優格餐包；想優閒享受周末早午餐時，可製作酥脆焗烤白醬優格馬鈴薯。利用優格加入各種料理中，不僅能增加飽足感，還能減少熱量的攝取，美味度甚至大提升！

豆香酥條佐韓式優格醬

晚上嘴饞時想吃的東西通常是炸物，但一想到熱量就讓人卻步。利用日式豆皮也可以做出酥酥香香的點心，再沾著辣辣的韓式優格醬就更美味了！

食材

日式豆皮⋯⋯⋯2塊
希臘優格⋯⋯⋯50克
韓式辣椒醬⋯⋯1小匙
橄欖油⋯⋯⋯⋯1小匙
日本七味粉⋯⋯⋯適量

做法

1- 將日式豆皮切成長條後（圖1-1），
放進預熱150℃的烤箱，烘烤15分
鐘至酥脆（圖1-2）。

2- 將韓式辣椒醬、橄欖油、希臘優格
和七味粉一起拌勻即完成。

point

· 這道是利用日式豆皮殘存的油，以烤箱慢
慢烤到酥脆，所以不用額外加油也有著炸
物的口感，再搭些蔬菜條就是無負擔的宵
夜好點心！

Honey Yogurt
Dinner Rolls

蜂蜜優格餐包

液種法又稱冰種法，由於冰種麵團經過低溫長時間發酵後已充滿活性，所以製作時大大縮短主麵團的發酵時間卻香氣豐富，而加入優格讓麵團更柔軟且營養，結合液種和優格兩個長處的麵包濕潤柔軟還有濃濃蜂蜜香，非常適合當作早餐或點心。

食材

[液種麵團]
高筋麵粉…… 190克
水 ……………… 190克
※可全用乳清取代。
速發酵母……… 1克

[主麵團]
高筋麵粉……… 350克
原味優格150～220克
※視麵粉吸水性調整，並少量分次添加。
糖 ……………… 80克
蜂蜜 …………… 40克

速發酵母……… 5克
奶粉 …………… 15克
鹽 ……………… 6克
奶油 …………… 40克
※放置室溫軟化。

做法

1- 將液種麵團全部材料混合均勻後，先放置室溫1小
   時，再進冰箱冷藏12～16小時。

2- 將冷藏好的液種麵團、主麵團的全部材料（除鹽、
   奶油以外）放進攪拌缸。
   ※優格先倒入150克，再慢慢增加至自己可以操作的軟度。

3- 攪拌成團後加入鹽。

4- 接著加入軟化的奶油，攪打至出現薄膜。

5- 完成的麵團蓋上保鮮膜，休息約20分鐘。

6- 分割麵團，並依序滾圓，每顆約50克。

7- 進行最後發酵，發酵至原體積的2倍大時即可停止。
　※我是用水波爐的發酵功能，以35℃發酵約50分鐘。

8- 烤箱預熱180℃，同時將發酵好的麵團塗上蛋黃液或
　鮮奶。

9- 將麵團放進預熱好的烤箱中，烘烤約18～20分鐘。

10- 出爐後移至散熱架放涼。

point

· 液種又名冰種，是用高筋麵粉和
水1:1的比例以及酵母總量20%
的酵母攪拌均勻後，放進冰箱12
～16小時，以低溫慢速喚醒酵
母的活性。完成的液種麵團並不
會長大多少，只會有一些泡泡，
記得要在24小時內將液種麵團用
完，否則會失去酵母的活性。

Baked Potatoes With
Yogurt Bechamel Sauce

焗烤白醬優格馬鈴薯

白醬是用奶油和麵粉拌炒後加上鮮奶和香料所做出的濃郁醬汁,想當然耳,熱量肯定不低的!現在用希臘優格取代一部分材料,但濃郁的口感和香氣不減!

食材

[白醬]
奶油 ············· 30克
中筋麵粉 ········ 50克
鮮奶油 ········ 200克
鮮奶 ·········· 200克
希臘優格 ····· 200克
胡椒 ············· 適量
鹽 ················ 適量
肉豆蔻 ·········· 適量
丁香 ············· 適量
月桂葉 ··········· 1片

馬鈴薯 ··········· 4顆
培根 ·········· 2～3片
披薩起司絲 ····· 適量
洋香菜 ·········· 適量

做法

1- 將馬鈴薯蒸熟或烤熟後，剖半並挖出中間的馬鈴薯肉，並壓成泥，用奶油、鹽和胡椒（材料份量外）調味。

2- 培根切絲或切丁，放入鍋中慢慢煸乾至酥脆。

3- 製作白醬：另取一鍋開小火，放入奶油至完全融化後倒入麵粉慢慢炒香。

4- 熄火，倒入鮮奶和鮮奶油，用打蛋器攪勻至沒有顆粒。

5- 再次開火，加入香料和鹽、胡椒調味，煮到自己想要的濃稠度後熄火。

6- 待麵糊稍微降溫後，拌入希臘優格即完成白醬。

7- 將調味好的馬鈴薯泥舀回馬鈴薯皮中，淋上適量優格白醬，再加些起司絲，放進預熱200℃的烤箱中，烤至表皮金黃。

8- 最後撒上培根酥和洋香菜即可享用。

7

point

· 馬鈴薯蒸熟或烤熟後皮很脆
  弱,挖取時要特別小心。

· 這個白醬可以用在各種焗烤
  中,淋在花椰菜和白煮蛋上一
  起焗烤也非常好吃!

8

Mini Pizzas

YOGURT
Light
Meals

迷你餃子皮披薩

當嘴饞時，花15分鐘的時間幫自己準備營養豐富又可口的點心
吧！鹹香的蔥花、酸爽的泡菜，配上烤得香香酥酥的餃子皮，
中間是滑潤馥郁的希臘優格，多層次的口感你一定會愛上！

食材

希臘優格⋯⋯⋯160克　　鹽⋯⋯⋯⋯1/2小匙
餃子皮⋯⋯⋯⋯8片　　　橄欖油⋯⋯⋯1/2小匙
蔥花⋯⋯⋯⋯⋯30克　　　泡菜⋯⋯⋯⋯適量

做法

1- 將蔥花、鹽和橄欖油拌勻備用。

2- 烤箱預熱180℃。將餃子皮放在烤盤上，均勻塗
上橄欖油（材料份量外）。

3- 每片放上約20克的希臘優格。

4- 其中4片鋪上泡菜，另外4片灑上做法1的蔥鹽。

5- 放進預熱好的烤箱烤至金黃，約10～13分鐘。
※每臺烤箱的功率不同，請依照自己的烤箱調整。

point

· 建議使用滴濾24小時以上的希臘
優格，才不會因水分過多讓麵皮
濕軟影響口感。

咖哩鮮蝦蘆筍沙拉

把整罐沙拉帶著走！這罐沙拉含有優質蛋白質、滿滿的蔬菜，還有香滑柔順的好吃優格醬！是春遊、野餐時非常推薦的一道輕食。

食材

[咖哩優格醬]

優格 ……………………… 100克
美乃滋 ……………………… 1大匙
咖哩粉 ……………………… 1/2大匙
蒂戎芥末醬 ……… 1/2～1/4小匙
洋蔥泥 ……………………… 1大匙
蜂蜜 ……………………… 1大匙

[沙拉]

蘆筍 ……………………… 適量
※若過了產季，可以換成四季豆。

小番茄 ……………………… 適量
生菜 ……………………… 適量
蝦仁 ……………………… 約12隻
※去頭、去殼，可以留尾比較好看。

point

· 生菜不要塞太多，留點空間
　才方便翻動所有食材。

· 記得做瓶裝沙拉時，不易出
　水軟化的材料要放最底層。

· 因為配料有海鮮，要盡快冰
　起來，帶出門也要注意保
　冷及盡早享用！

做法

1. 蝦仁燙熟後冰鎮，蘆筍燙熟後切段冰鎮。

2. 將咖哩優格醬全部材料拌勻後，倒進玻璃罐中。

3. 依序放入小番茄、蝦仁和蘆筍，最後放入生菜後蓋上
   瓶蓋，放進冰箱，出門時再取出。

4. 享用時把罐子倒放，讓所有材料均勻沾上優格咖哩沙
   拉醬後再開蓋。

營養特色

鮮蝦富含蛋白質又低熱
量，而蘆筍、番茄、生菜
有豐富的維生素及礦物
質，利用優格取代沙拉醬
除了可以降低熱量，還可
以增添鈣質攝取，再利用
含有薑黃抗氧化成分的咖
哩做調味，是一道營養均
衡又高纖的料理，可當點
心也可取代正餐，怎麼吃
都舒爽。

番茄羅勒優格沙拉

番茄、羅勒、橄欖油一直是經典絕搭組合，再加了優格，更多些清爽。這道菜簡單又受歡迎，很適合當宴客的開胃菜。

食材

彩色小番茄⋯⋯ 500克
大蒜⋯⋯⋯⋯⋯⋯1瓣
羅勒 ⋯⋯⋯⋯⋯⋯1把
葵花籽 ⋯⋯⋯⋯ 1大匙
橄欖油⋯⋯⋯⋯1.5大匙

法式長棍麵包⋯⋯80克
希臘優格⋯⋯⋯⋯50克
鹽 ⋯⋯⋯⋯⋯⋯1/2小匙
黑胡椒⋯⋯⋯⋯⋯適量

營養特色

以橄欖油和蔬果結合而成的地中海飲食，很受現代營養學推崇。這道沙拉中，就融合橄欖油、番茄、羅勒、大蒜、葵花籽和優格，是一道清爽又有飽足感的地中海風料理。

做法

1- 烤箱預熱180℃。

2- 將法式長棍麵包切小塊，淋上1大匙橄欖油，灑些鹽、黑胡椒拌勻後，放進烤箱，以180℃烘烤10分鐘。

3- 彩色番茄洗淨，對半切（圖3-1）；大蒜去皮切末、羅勒洗淨剝下葉子備用（圖3-2）。

4- 取一個菜盤，放進番茄、羅勒，淋上剩餘橄欖油、蒜末、鹽和黑胡椒，全部拌勻後放入烤得酥脆的麵包，灑上葵花籽，挖幾匙希臘優格放上面，端上桌享用。

point

· 彩色番茄風味鮮明，很適合拿來做這道沙拉，如果買不到彩色番茄，用一般小番茄也可以。

· 若沒有羅勒，也可用九層塔代替。

玉米片佐辣味番茄莎莎醬

自己做莎莎醬既簡單又可依個人喜好調整口味。「是拉差醬」本身含有糖、大蒜等成分,除了可用來當辣味基底,吃起來帶點甜味,調成莎莎醬很適合,跟一匙的希臘優格做調和,整體風味更溫和。

食材

玉米片 ······1包	[調味料]
牛番茄 ······1顆	是拉差香甜辣椒醬 1/2〜1/4小匙
紫洋蔥 ······1/4 顆	糖 ······ 1/2小匙
青蔥 ······1根	鹽 ······ 1/4小匙
	黑胡椒 ······ 適量
	檸檬 ······ 1/4片
	希臘優格 ······ 1大匙

做法

1- 牛番茄洗淨，對半切，挖除裡面的番茄
   籽，切成約1公分的細丁。將紫洋蔥切
   丁，泡在冰水中備用。蔥切花。

2- 取一小碗，放入番茄丁、蔥花、瀝乾後
   的洋蔥丁，加入所有調味料攪拌均勻，
   搭配玉米片享用。

營養特色

又香又脆的玉米片是讓人
又愛又恨的高熱量零食，
若搭配富含茄紅素的番
茄、含硫化物的洋蔥丁及
高維他命C的檸檬汁，就能
提升抗氧化能力，變身一
道營養美味的開胃小點。

鮮果優格三明治

新鮮水果搭配優格的酸甜滋味，一起夾入三明治中，每一口都嚐得到鮮甜與清新，吃起來毫不膩口，很適合當作下午茶點心。

食材

[草莓三明治]
草莓 ……………… 4顆
希臘優格 ……… 100克
煉乳 …………… 1大匙
吐司 ……………… 2片

[綠葡萄三明治]
綠葡萄 ……………… 8顆
希臘優格 ………… 80克
蜂蜜 ……………… 2小匙
吐司 ……………… 2片

做法

1. 將水果洗淨，草莓切去蒂頭，用廚房紙巾將水分擦乾備用。

2. 將煉乳與希臘優格、蜂蜜與希臘優格分別混合均勻，各裝入擠花袋中備用。

3. 取2片吐司，依圖分別放上草莓、葡萄。

4. 接著用擠花袋擠出優格，填滿吐司空隙。

5. 蓋上第2片吐司，小心切去吐司邊；再慢慢的從斜對角切兩刀，把吐司切成4個小三角型即完成水果三明治。

point

· 先在吐司上排好水果、擠上優格，再切吐司邊，可以藉由切邊按壓的過程，讓水果與優格緊密黏在一起，做出來的三明治會比較成功。

· 希臘優格除了加煉乳、蜂蜜混合調味，你也可以試試其他果醬，甜度可依照搭配的水果自行調整。

· 記得一個小訣竅，就可以做出美觀切面的水果三明治：排列水果時，先想好切線，只要將水果置中排在切線上就對了！除了三角型，也可以切成正方型的三明治喔！

營養特色

水果中富含的維生素C和植物素，都具有高抗氧化的作用；水果中的纖維素及果膠也是益生菌喜歡利用的營養來源！所以利用水果和優格做成的三明治內餡，不僅清爽好吃，還可以幫助消化道健康。

蔓越莓優格烤穀麥

用優格取代部分油脂，烤出來的穀麥多了微酸的優格味，也
會比較黏些，搭配鮮奶或優格食用，就是清爽的早餐，也可
以當點心直接食用。每當我有烤穀麥時，我家小孩都會裝些
帶到學校當下午點心享用。

食材

黑麥片	1杯	優格	2大匙
堅果	1杯	楓糖漿	4大匙
奇亞籽	1大匙	椰子油	1/2小匙
蔓越莓乾	1/2杯		

point

・食譜中使用的穀麥有：黑麥片、胡桃、葵花籽、奇亞籽和蔓越莓果乾，都可以換成自己喜歡的種類。

・我喜歡在烤穀麥中加入椰子油，它的氣味讓穀麥增加香氣，如果不喜歡椰子油，也可以用其他油品代替。

做法

1- 烤箱預熱160℃，烤盤鋪上烘焙紙。

2- 將較大顆的堅果剝碎，與黑麥片一起放入烤盤。倒入優格、楓糖漿和椰子油全部混合，使堅果、黑麥片都沾裹均勻，放入預熱好的烤箱烤10分鐘。

3- 10分鐘後取出烤盤，加入奇亞籽，將烤盤中的穀麥翻拌一下，再放回烤箱續烤10分鐘。

4- 烤至穀麥呈現金黃色即可取出烤盤，完全放涼後，加入蔓越莓拌一拌，倒入密封罐中保存。

營養特色

穀麥含有豐富的膳食纖維、礦物質和維生素，但市售穀麥常為了口感而添加過多的添加物及油脂。這道蔓越莓優格穀麥，利用優格取代部分油脂降低油膩感，增加鈣質攝取，再搭配富含前花青素的蔓越莓，對女性而言是一道兼具口感及保護作用的小零食。

YOGURT
Light
Meals

起司馬鈴薯可樂球

將傳統可樂餅改成圓球形，加入迷迭香與優格調味，讓馬鈴
薯泥增添香草的清新滋味與綿密口感；裡頭夾餡是馬札瑞拉
起司，趁熱食用會牽絲哦！

食材

馬鈴薯	3顆
希臘優格	3大匙
鹽	1/2小匙
黑胡椒	少許
大蒜	1瓣
新鮮迷迭香	1支
塊狀馬札瑞拉起司	1塊
雞蛋	1顆
麵粉	適量
麵包粉	適量
油	適量

point

· 馬鈴薯切愈小塊，可加速蒸熟的時間。
· 新鮮迷迭香也可用1/4小匙的乾燥迷迭香代替。
· 炸薯球時，用中小火慢慢炸至顏色轉金黃時便取出，避免起司過熱在鍋中爆漿。

做法

1. 馬鈴薯去皮切小塊,裝進碗中,放進電鍋蒸至可用叉子壓碎的程度,約20分鐘。

2. 將大蒜去皮、壓成泥,迷迭香扯下葉子,連同鹽、黑胡椒和希臘優格一起加進馬鈴薯泥中,混合拌勻。

3. 馬札瑞拉起司切成1~1.5公分丁狀,包進馬鈴薯泥中,每顆薯球重量約40克。

4. 準備3個碟子,各放入麵粉、攪散的蛋液和麵包粉。

5. 將薯球依序沾裹上麵粉、蛋液和麵包粉。

6. 起油鍋,當油溫達到180℃時,放入薯球,以中小火炸至金黃色,取出放在廚房紙巾上吸油,盛盤享用。

免揉麵包

無糖無油、少樣材料,透過低溫發酵的方式,烤出香氣十足、純綷的美味麵包!

食材

高筋麵粉 ………… 150克
優格 …………… 120克
速發酵母粉 ……… 2克
鹽 ……………… 2克

做法

1- 將全部材料放入容器內,攪拌均勻成團。

2- 蓋上蓋子,放入冰箱冷藏12〜18小時以上。

3- 取出麵團,置於室溫約30分鐘,輕輕排出空氣並簡單整形收口。

4- 取一張烘焙紙,灑一些手粉,麵團置於烘焙紙上後放回容器內。

5- 麵團進行二次發酵,發酵至1.5〜2倍大小即停止,約60〜90分鐘。

6- 在最後發酵的20分鐘,可先將鑄鐵鍋含蓋子置於烤箱內,以230℃烘烤20分鐘。

7- 將鑄鐵鍋從烤箱取出,麵團連同烘焙紙一同放入鍋內,可在表面灑上少許麵粉。

8- 烤箱溫度設為230℃,鑄鐵鍋含蓋子烘烤20分鐘,打開鍋蓋,續烤10分鐘。

9- 出爐後放涼。

YOGURT
Light
Meals

自製香料起司優格球

利用希臘優格、橄欖油及香料做成的起司優格球，除了優格營養更濃縮外，也相當適合塗抹在麵包、三明治等輕食料理上，還可灑一點辣椒粉增添風味！

食材

希臘優格	適量
義大利香料	適量
月桂葉	1片
新鮮迷迭香	1根
橄欖油	80～100c.c.
海鹽	適量

[器具]

玻璃罐	1個
濾紙	2～4個

做法

1- 將濾紙放入容器中，可放2張濾紙，加速瀝乾水分。

2- 倒入希臘優格，注意濾紙沒有碰到底部的乳清。

3- 放進冰箱冷藏，可每隔8～12小時更換濾紙，至少滴
濾48小時以上。

4- 手洗淨，取出優格，並用掌心把優格搓成小小圓球。
※不要搓太大，方便入味。

5- 另拿一個乾淨玻璃罐，先倒入部分橄欖油、義大利香
料、海鹽、月桂葉和迷迭香，再放入起司優格球，最
後倒入橄欖油蓋過表面。

6- 放進冰箱冷藏熟成5～7天。

point

‧ 不同優格水分不盡相同，可
自行酌量調整份量。

‧ 無添加防腐劑，建議少量製
作，盡快食用完畢。

‧ 剩餘的橄欖油也相當適合拌
炒義大利麵。

巴沙米可醋香料起司優格沙拉

利用自製的起司優格球，加入沙拉，變化多種吃法，夏日必學的美味輕食料理。

食材

起司優格球 ⋯⋯⋯適量
綜合生菜、水果 ⋯1份
巴沙米可醋⋯⋯⋯適量

做法

1- 準備喜愛的生菜、水果，切洗瀝乾水分。

2- 拿一雙乾淨筷子，夾取適量的起司優格球。

3- 最後淋上巴沙米可醋即完成。

2

Halloween Pizza

可愛又搞怪的萬聖節披薩，相當適合與小朋友一起動手做。

食材

[麵團]

中筋麵粉·················140克
優格····················· 90克
速發酵母粉··············· 2克
糖······················· 10克
鹽······················· 10克

白色起司片··············2～3片
黑橄欖···················· 數顆
番茄醬···················· 2大匙

做法

1- 將麵團全部食材先放入容器內，攪拌均勻成無粉粒團狀，手揉約5分鐘。

2- 鋪上保鮮膜或溼布，置於30℃或溫暖處發酵50分鐘。

3- 把麵團分割成3份，每顆約80克，依序滾圓，靜置10分鐘。

4- 取麵團輕壓排氣後，擀成圓形，並用叉子在表面搓洞。

5- 取少許番茄醬，均勻塗抹在餅皮上。

6- 將餅皮放進預熱200℃的烤箱中，烤約7分鐘即可先出爐。

7- 黑橄欖可先用小刀切形狀，起司片切成細條備用。

8- 將Pizza鋪上起司絲做造型，再次進烤箱，烘烤1～2分鐘，
起司絲些微融化即可。

營養特色

將起司和優格應用在料理中，除了讓料理帶來清爽口感，更可以幫助孩子吃進豐富的鈣質，是媽媽們一定要學會的小孩長高料理。

point

· 麵團可以多做一些，擀平後先放進冷凍保存，要吃時，再退冰進烤箱烘烤。

· 在麵團中加入優格，雖然經過高溫烘烤，乳酸菌都已死光光，但在麵團的發酵過程中，乳酸菌卻可以幫助麵團發酵，並增加麵團的柔軟度及保濕度，讓你不使用添加物，也可以烤出好口感的DIY麵包，享受優格發酵帶來的獨特風味。

簡單揉貝殼刈包

臺灣特色小吃——刈包在家也可以輕鬆做出,利用簡單的小
道具,讓刈包多個變化,更增添樂趣!

食材

高筋麵粉 ·············200克
優格 ···········110～120克
速發酵母粉···············2克

糖 ·························· 10克
油 ·························· 5克

做法

1- 將全部材料放入容器內,攪拌均勻成團,手揉約5分鐘。

2- 鋪上保鮮膜或溼布,靜置10分鐘。

3- 將麵團分割成6等份,每顆約55克,依序滾圓,鋪上保鮮膜或溼布,再靜置10分鐘。

4- 取出麵團輕壓排氣後,擀成橢圓形。在表面塗上薄薄一層橄欖油(材料份量外),對折時避免麵皮相黏在一起。

5- 對摺後放在防沾紙上,可用刮板稍微用力壓表面形成壓痕(圖5-1),在對摺處兩端往內黏合(圖5-2)。

6- 置於30℃或溫暖處發酵40分鐘。

7- 用冷水大火蒸15分鐘,倒數5分鐘時轉小火。

8- 蒸好後,可以夾些滷好的三層肉、花生碎、香菜等一塊享用。

point

· 蒸鍋邊緣處可放一根筷子,留孔洞讓空氣流通,蒸出來的刈包表皮會較光滑。

Part 4

美味秒殺！

優格主食&配菜

快點用優格豐富我們餐桌吧！
優格不只可以直接食用，還可以應用在料理
之中，其富含多種乳酸活菌，可以醃漬各種
食材，軟化肉質，讓口感變得更柔嫩，醃漬
的蔬菜別有一番獨特風味！

YOGURT
Main &
Side Dishes

蒜味鯷魚炒球芽甘藍

球芽甘藍本身帶有微微的苦味，如果久煮苦味會更明顯；在這道料理中，把球芽甘藍切成細絲，用快炒的方式烹調，裹著大蒜和鯷魚的鹹香、爽脆的口感和本身的甘甜，很適合當肉類主食的配菜！

食材

球芽甘藍 ········ 300克
大蒜 ·················· 2瓣
油漬鯷魚 ············ 4片
橄欖油 ············ 1大匙
優格 ·············· 1大匙
黑胡椒 ············ 少許

做法

1- 球芽甘藍洗淨，切成薄片，剝開成細絲；大蒜去皮切片。

2- 炒鍋開中火，倒入橄欖油，將蒜片與鯷魚炒出香氣後，放入球芽甘藍一起拌炒約2分鐘後熄火。

3- 最後加入優格，撒些黑胡椒粉拌勻。

營養特色

球芽甘藍是臺灣這幾年才漸漸流行的十字花科蔬菜，其小葉球的蛋白質含量高，居甘藍類蔬菜之首，維生素C和微量元素硒也相當豐富，是高營養價值的蔬菜。

1

2

蘑菇青蔥優格烘蛋

用蒜片、青蔥、蘑菇與番茄炒料，還沒完成就聞到濃濃的撲鼻香氣！以優格取代烘蛋中常使用的鮮奶油，讓熱量少些、但美味不減。一口咬下，可以嚐到番茄的酸甜、青蔥的香氣、與蘑菇的多汁，還有櫛瓜的清甜，當早餐食用很享受呢！

食材

蘑菇	10朵	優格	3大匙
青蔥	1支	鹽	1/4小匙
小番茄	10顆	大蒜	1瓣
櫛瓜	半根	切達起司	適量
雞蛋	6顆		

4-1　　　　　　　　　4-2　　　　　　　　　4-3

做法

1- 將青蔥、小番茄和櫛瓜洗淨，蘑菇用廚房紙巾擦去泥土，青蔥切末，小番茄、蘑菇對半切，櫛瓜切約1公分薄片，大蒜去皮切片備用。

2- 雞蛋打入碗中，加入優格與1/4小匙鹽，一起攪拌均勻。

3- 烤箱預熱200℃。

4- 在鑄鐵平底鍋中，加適量的油（材料份量外），放入蒜片、青蔥與蘑菇，中小火炒至蘑菇出水後，加入番茄一起拌炒至軟熟（圖4-1），加1小撮鹽調味（材料份量外），倒入優格蛋液（圖4-2），表面鋪上櫛瓜片（圖4-3），磨些切達起司屑後，放進烤箱。

5- 以200℃烤15分鐘至蛋表面凝固、呈金黃色即可。

point

· 食譜中是用19公分的平底鍋，食材份量剛剛好，如果是用不同大小的鍋子，請自行增減食材份量；如果沒有鑄鐵平底鍋，也可以用可進烤箱的烤盤器皿，如：琺瑯材質的烤盤、鋁箔烤盤、耐高溫陶皿等。

· 起司屑隨個人喜好添加，能為烘蛋增添鹹味與乳香味，如果起司加得多，記得食材的鹽分也要適度減少，才不會過鹹。

YOGURT
Main &
Side Dishes

優格糖醋醬烤白花椰菜

我們家的小孩很喜歡吃烤白花椰，蔬菜用烤的，不僅可以鎖住
風味、更顯它本身的甜味，加了優格的糖醋醬使整體風味多些
溫和；用烤箱做料理，少了油煙、不用洗鍋，做菜更輕鬆！

食材

白花椰菜 ………… 1顆	白醋 …………1/2小匙
優格 …………… 3大匙	油 ………………1大匙
番茄醬 ………… 3大匙	大蒜 ……………3瓣
糖 ……………… 1小匙	蔥 ………………1支
醬油 …………… 1大匙	

十字花科的花椰菜富含抗癌
化合物、維生素C，是營養
學家點名的十大抗癌食物之
一。搭配同樣具有高抗氧化
力的蔥蒜，佐以特調的優格
糖醋醬，可以讓不愛蔬菜的
孩子們胃口大開，吃進高營
養價值的花椰菜。

做法

1- 烤箱預熱180℃。

2- 將花椰菜仔細洗淨，切小塊；大蒜切末、蔥切花備用。

3- 調製優格糖醋醬：將優格、番茄醬、糖、醬油和白醋混合，攪拌均勻使糖融化，倒入蒜末備用。

4- 取一烤盤，鋪上烘焙紙，放入花椰菜和油，攪拌至花椰菜均勻沾裹油脂，放入預熱好的烤箱，以180℃烤10分鐘。

5- 時間一到，取出烤盤，倒入糖醋醬，讓花椰菜都沾裹醬汁，放回烤箱，繼續以180℃烤10分鐘，直到醬料收汁變濃稠。

6- 上桌前，灑些蔥末增添香氣，也可依喜好灑些黑胡椒。

point
- 每臺烤箱烤溫不同，若用180℃烤會過焦，則可調降為160～170℃試試，用低溫烘烤時，時間再拉長5～10分鐘。

YOGURT
Main &
Side Dishes

和風芝麻小黃瓜

夏日的涼拌小菜，透過基本的料理手法，不需等待小黃瓜入味，馬上就能享用。

食材

小黃瓜 ……………………2根
鹽 …………………………適量

[調味料]
優格 ……………………2～3大匙
芝麻醬 …………………1小匙
味醂 ……………………1小匙
昆布醬油（淡醬油）……1大匙
糖 …………………………1小匙
白芝麻粒……………………適量

做法

1- 小黃瓜洗淨後，切成約 1 公分的塊狀，灑些鹽醃漬5分鐘。

2- 小黃瓜以清水洗淨備用。

3- 將調味料全部食材攪拌均勻。

4- 小黃瓜簡單擺盤，淋上優格芝麻醬即可上桌享用。

point

・小黃瓜容易出水，建議上桌前再淋上優格芝麻醬。

・優格芝麻醬也適合當成涼麵的醬汁。

・芝麻醬換成味噌，也相當美味。

YOGURT
Main &
Side Dishes

優格味噌漬野菜

用途廣泛的味噌，加入了優格，不但能調整味噌的鹹度，還能
醃漬蔬菜，也很適合當沾醬使用。

食材

優格	100克	洋蔥	半顆
味噌	150克	糖	1大匙
小黃瓜	1根	鹽	適量
南瓜	3片		
白蘿蔔	數片		

做法

1- 小黃瓜、白蘿蔔洗淨後，灑上些鹽，稍微
搓揉靜置10分鐘，出水後用清水洗淨，廚
房紙巾擦乾。

2- 洋蔥切成瓣狀，南瓜切成片狀，可微波40
秒軟化備用。

3- 製作優格味噌醬：將優格、味噌和糖放入
容器中攪拌均勻，先嘗試鹹度，若不夠可
再添加鹽。

4- 放入小黃瓜、白蘿蔔、洋蔥和南瓜，表面
需沾附優格味噌。

5- 放進冰箱冷藏至少4小時。

6- 以乾淨筷子夾取，可用清水沖去表面的優
格味噌，避免太鹹。

point

· 適合根莖類醃漬，若出水為正常象。

· 可重複使用2～3次，剩餘的優格味噌還可以
煮成湯或是醃肉片。

香根牛肉絲

利用優格富含的多種乳酸活菌,可以軟化肉質、口感變得更加
柔嫩。

食材

牛肉絲 ……… 150克
香菜梗 ……… 1大把
大蒜 …………… 2瓣
辣椒 …………… 適量
醬油 ………… 1大匙
油 …………… 1大匙

[醃料]
優格 ………… 1大匙
醬油 ………… 1大匙
糖 …………… 1小匙
米酒 ………… 1大匙

做法

1- 大蒜、辣椒各別切末備用。

2- 將牛肉絲與醃料放入容器內,攪拌均勻後
放進冰箱冷藏30～60分鐘。

3- 起油鍋,小火爆香蒜末、辣椒末。

4- 飄出香味時,放入牛肉絲拌炒至8分熟,
再放入香菜梗、醬油拌炒即可盛盤。

point

· 記得最後要用大火拌炒,香菜梗才會清脆。

俄式燉牛肉

這道俄式燉牛肉有著濃郁的香氣和豐厚的口感，最適合淋在奶油飯或雞蛋寬麵上一起享用。傳統的俄式燉牛肉是用酸奶油，因為不易取得，試試看用希臘優格，一樣美味不減哦！

食材

牛肋條	600克	
奶油	50克	
洋蔥	1顆	
蘑菇	200克	
大蒜	3瓣	
麵粉	50克	
雞高湯	500c.c.	
百里香	1/2小匙	
希臘優格	150克	
油	適量	

[醃料]

蒜泥	1小匙
紅椒粉	1小匙
洋蔥粉	1小匙
鹽	1/2小匙
胡椒粉	1小匙

做法

1- 牛肋條切丁後用醃料拌勻。洋蔥切丁，蘑菇切薄片，大蒜切碎備用。

2- 熱鍋，倒一點油，將牛肉煎至表面上色後取出備用。

3- 用鍋內的餘油融化奶油後，倒入洋蔥丁、蒜末炒至透明，放入蘑菇炒軟。

4- 接著倒入麵粉拌炒均勻後，倒入雞高湯和百里香一起燉煮。

5- 再放進牛肉燉煮至肉質軟嫩（圖5-1）、湯汁
　 濃稠（圖5-2）。

6- 最後加入希臘優格攪拌均勻即可盛盤享用。

營養特色

牛肉中富含維生素A、維
生素B群和鐵質，可以預
防貧血；牛肉中的蛋白
質、胺基酸因容易被人體
吸收，是生長發育時很重
要的營養來源。

YOGURT
Main &
Side Dishes

坦督里烤雞腿

帶著明亮色澤、香氣馥郁的坦督里烤雞應該是大家第一個想到的印度料理吧！香料加上優格一起醃製一晚的雞腿，肉質柔軟、香氣和鹹味都滲進肉裡，烤的時候廚房裡滿滿的咖哩香氣，好迷人呢！烤好的雞腿搭配薑黃飯是更道地的吃法哦！

食材

棒棒腿 ⋯⋯⋯⋯⋯⋯9支

[醃料]
鹽 ⋯⋯⋯⋯⋯⋯⋯1.5大匙
咖哩粉 ⋯⋯⋯⋯⋯⋯2大匙
紅椒粉 ⋯⋯⋯⋯⋯⋯1大匙
大蒜 ⋯⋯⋯⋯4瓣（壓泥）
檸檬汁 ⋯⋯⋯⋯⋯⋯適量
優格 ⋯⋯⋯⋯⋯⋯300克

做法

1- 棒棒腿用叉子戳幾個洞，較容易入味。

2- 將醃料全部食材攪拌均勻（圖2-1），倒進棒棒腿醃製一晚（圖2-2）。

3- 取出棒棒腿不用抹開醃料，放進預熱190℃的烤箱，烘烤約35分鐘。

※試雞腿大小以及烤箱功率調整時間與溫度。可以用竹籤戳進厚肉處，流出的是透明汁液就代表熟了。

point

·烤的時候不用將醃料抹去，如果是用雞翅，記得將雞翅尖端用鋁箔紙包住，以免燒焦。

YOGURT
Main &
Side Dishes

煙燻紅椒風味優格烤雞翅

優格真是很神奇的東西！尤其是用在鹹食料理上，讓人嚐不出優格味，卻又可讓食物變好吃。這道烤雞翅用優格為基底，搭配煙燻紅椒粉等其它調味料，烤出來的雞翅色澤金黃、口感軟嫩，煙燻紅椒味更是讓整屋充滿香氣！

食材

雞翅（二節翅）·········600克

[醃料]
優格 ··························4大匙
煙燻紅椒粉···················1大匙
大蒜 ··························2瓣
鹽 ···························1小匙
檸檬 ··························1/4顆
蜂蜜 ··························2大匙

做法

1- 大蒜去皮拍扁，檸檬擠汁，將醃料所有食材
   放入碗中，混合均勻。

2- 在雞翅內臂處，用刀劃出一條線，讓醃漬醬
   料更入味。

3- 接著將混合好的醃料倒在雞翅上，讓雞翅浸
   泡在醬汁中，放進冰箱醃漬4小時以上。

4- 烤箱預熱180℃。

5- 取一個烤盤，鋪上烘焙紙，將醃好的雞翅整
   齊排在烤盤上，放進烤箱下層，以180℃烤
   至表面金黃、肉熟，時間約18分鐘。

point _____

・烤雞翅時，若烤箱溫度不均勻，可在中途將烤盤調
  頭（裡外交換），讓每支雞翅的烤色更均勻，不易
  烤焦。

・若是選用土雞翅，因肉較多，需要烤熟的時間也會
  較長，請視情況延長烘烤時間。

・醃料時，可先嚐味道，如果想讓成品風味多酸些，
  可多加些檸檬汁，或是烤好上桌時，切幾片檸檬，
  用餐隨喜好添加。

・燻紅椒粉可在超市購得，記得挑「煙燻」味的，香
  氣會比單純的紅椒粉多很多。

橙汁優格燒羊小排

橙汁的清香可去除羊肉的腥味，使用優格醃漬羊小排，可使肉質軟化，最後添加迷迭香一同燒煮，是一道讓人口齒留香的羊肉料理。

食材

羊小排	500克	大蒜	6瓣
柳橙	3顆	迷迭香	1支
優格	3大匙	鹽	適量
紫洋蔥	1顆	油	適量

point

· 刨柳橙皮時，注意不
要刨到白色部分，會
使湯汁帶苦味。

做法

1- 羊小排均勻裹上優格，放進冰箱冷藏醃漬至少4小時至隔夜。

2- 將1顆柳橙用刨刀刨下柳橙皮備用，再將全部柳橙都切半擠汁。

3- 洋蔥切成8等份，大蒜稍微拍裂。

4- 取出醃漬好的羊小排，兩面灑些鹽。

5- 取一個有深度的煎鍋，倒入適量的油，燒熱後放入羊小排，兩面各煎2分鐘後
夾出放一旁。

6- 接著在鍋中放入洋蔥、大蒜炒出香氣後，倒入柳橙汁、柳橙皮、迷迭香，用中
小火拌炒至湯汁煮滾。

7- 放回羊排，燒至收汁（不用全收乾，保留1/3湯汁）。

8- 起鍋盛盤，將煮軟的洋蔥墊底，放上羊小排，淋上橙汁，另可加入新鮮的洋蔥
絲、柳橙片和少許迷迭香增色。

茄汁優格鮮蝦筆管麵

這種一鍋到底的料理最方便省時了！只要備好料，全部丟入鍋中，10幾分鐘就有好吃的筆管麵可以享用，適合沒時間煮飯的主婦必學料理，在露營時烹煮也是相當方便的。

食材

白蝦 ························· 5隻
小番茄 ······················15顆
九層塔 ······················10克
黑胡椒粒 ·················· 1小匙
大蒜 ························· 1瓣

番茄糊 ·····················60克
優格 ······················· 40克
鹽 ························· 1小匙
水 ························200克
筆管麵 ·····················100克

做法

1-將小番茄洗淨，對半切；大蒜去皮切片。

2-蝦子用剪刀剪去蝦鬚、剖背去腸泥。

3-將優格、番茄糊混合均勻。

4-取一深鍋，放入筆管麵、番茄、九層塔、蒜片、黑胡椒粒和鹽，倒入混合好的優格番茄糊，加水。

5-蓋上鍋蓋煮約10分鐘後，開蓋，放入白蝦（圖5-1），再蓋上鍋蓋煮3～5分鐘至白蝦熟（圖5-2）。

6-煮好盛盤上桌，可灑些黑胡椒、起司粉一起享用。

YOGURT
Main &
Side Dishes

泰式風味酸辣拌麵

炎熱的夏天最需要爽口開胃的料理，快試試這道泰式
風味拌麵！

食材

紫洋蔥	1/4顆
四季豆	6根
豬五花肉片	5片
麵條	1人份
花生米	少許
香菜	少許
辣椒	1根

[醬汁]

優格	1大匙
魚露	2大匙
薑	1瓣
糖	1/2小匙
檸檬	1/4片
大蒜	1瓣

做法

1- 將大蒜去皮切末,薑磨成泥,檸檬切片擠汁,辣椒切小片,香菜取下葉子,洋蔥切細絲,四季豆切段備用。

2- 調製拌麵醬汁:取一小碗,倒入優格、魚露、檸檬汁、薑泥、糖和蒜末,攪拌均勻即可。

3- 用一湯鍋煮水,滾沸後放入麵條,煮至快熟前1分鐘放入四季豆一起煮。

4- 煮麵的同時,用平底鍋開中火,熱鍋不放油,直接放入豬五花肉片,煎至兩面金黃夾起備用。

5- 煮好麵後,連同四季豆撈起瀝乾,放入大碗中,倒入拌麵醬汁、肉片、洋蔥攪拌均勻。上桌前,灑些香菜、花生米和辣椒片即可享用。

point

· 麵可使用任何自己喜歡的麵條,依照包裝袋上的煮麵時間烹煮。

· 煎肉片時,因豬五花油脂較多,不需另外加油;拌入麵時,五花肉的油脂可為拌麵增添香氣。

YOGURT
Main &
Side Dishes

鮪魚優格青醬螺旋麵

傳統的青醬是用大量的橄欖油來製作，這道料理我用優格取代青醬中的橄欖油，與香菜一起攪打，讓青醬的味道有更多的清新味！

食材

螺旋麵 ………… 200克（2人份）
鮪魚罐頭 ………………… 1罐
四季豆 ………… 1把（約8根）

[青醬]
香菜 …………………… 10克
優格 …………………… 50克
起司粉 ………………… 20克
核桃 …………………… 40克
大蒜 …………………… 1瓣
鹽 …………………… 1/4小匙

做法

1- 將四季豆洗淨，剝除粗筋，切小段備用。

2- 煮一大鍋水，加入適量鹽（材料份量外），待水沸騰後，放入螺旋麵。

3- 煮麵的同時，來製作青醬。將香菜洗淨，取香菜葉、連同其它青醬材料一起放入食物調理機中（圖3-1），攪打至食材混合均勻且滑順，裝入碗中備用（圖3-2）。

4- 在麵煮熟前2分鐘，放入四季豆一起燙熟。

5- 麵煮熟後瀝乾，保留幾匙煮麵的水；將鮪魚加入麵中，倒入打好的青醬，加1～2湯匙煮麵水，拌均至醬汁平均附著在螺旋麵。

營養特色

鮪魚是食物中含有DHA最多的食物，是補充蛋白質及ω-3脂肪酸的好選擇。利用優格取代油脂製做的青醬，搭上營養鮪魚的義大利麵，是適合成長發育期孩子的一道美味料理。

point

· 煮好麵時，煮麵水不要立刻倒掉，一定要留幾湯匙，加在義大利麵中，可以幫助醬汁乳化，澱粉水也可增加醬汁的稠度，非常好用！

YOGURT
Main &
Side Dishes

優格肉醬千層麵

用優格直接取代千層麵中常用的白醬，除了省去煮白醬
的時間，也能吃得更健康，整體風味也是挺不錯！

食材

千層麵 ·····················5片
牛絞肉 ····················300克
西洋芹 ·····················1支
胡蘿蔔 ····················半根
洋蔥 ······················半顆
番茄糊 ····················60克

水 ·······················200克
油 ·······················1大匙
鹽 ······················1/2小匙
優格 ·····················180克
起司絲 ····················60克

做法

1-將西洋芹、胡蘿蔔切成約2公分小丁狀，洋蔥切碎。

2-取一個深鍋，倒入油，將洋蔥炒軟後加入牛絞肉拌炒至變白色。

3-接著加入胡蘿蔔、西洋芹、番茄糊和水，全部大略翻拌均勻，蓋上鍋蓋，
轉小火慢煮30分鐘，煮好後加鹽調味。

4-烤箱預熱200℃。

5-取一個烤皿，挖幾匙肉醬與優格鋪滿烤皿底部。

6-放上一片千層麵，挖2大匙優格塗滿整片千層麵，鋪上肉醬、灑10克起司絲。

7-重覆做法6，直至鋪好5片千層麵，最上層表面塗一層優格，鋪上起司絲。

8-放入烤箱烤至表層起司呈金黃色，約20分鐘。出爐後，將千層麵靜置5分鐘後再享用。

point

· 千層麵我是用不需預煮，可直接烤的。

· 每片千層麵都要確實塗滿一層優格，尤其是四個角落都要塗，這樣才可以在加熱時，將千層麵烤軟。

Part 5

營養豐富、滑順好喝！

優格湯品&飲品

吃出營養又溫暖人心的料理，運用當季的蔬果，與優格做為搭配，營養均衡又有滿滿香氣，成了色香味俱全的健康湯品與飲品。
想要嘗試一些異國風味的特色飲品，土耳其酸奶、印度雷西、日本甘酒絕對是好選擇，去油解膩、消暑解渴，在家就可以簡單製作完成哦！

YOGURT
Soups &
Drinks

海鮮南瓜濃湯

利用西餐常用的炒麵糊，讓濃湯糊化產生濃郁可口的風味，是不可缺少的步驟。

食材

帶皮南瓜塊	600克	水	適量
優格	100克	蝦仁	20個
無鹽奶油	15克	蘆筍貝	1包
麵粉	15克	米酒	1小匙
洋蔥末	150克	鹽	適量
月桂葉	2片	黑胡椒粉	適量

做法

1- 蝦仁可用先少許鹽、米酒醃漬，放進冰箱冷藏備用。

2- 無鹽奶油以小火加熱，融化後倒入麵粉，快速拌炒至無粉狀。

3- 分次加入少量優格，不停攪拌至麵糊完全融合，重複以上動作。

4- 在鍋中放入南瓜塊、洋蔥末、水和月桂葉。

5- 開中小火煮約20分鐘，夾出月桂葉，以調理棒直接打成泥。

6- 起鍋前，加入蝦仁和蘆筍貝，最後加鹽、黑胡椒粉調味。

3

營養特色

南瓜是美國FDA列出的30種抗癌蔬果之一，其所含的 β-胡蘿蔔素、維他命C和E都具有高抗氧化力。南瓜還富含的膳食纖維及稀有元素，對保養身體機能是很重要的食材。

point

· 炒麵糊階段很容易燒焦，可先關火，利用鍋子餘溫完成。

· 南瓜皮營養價值高，加入濃湯裡面打成泥，吃進整個南瓜的營養。

Vegetable Miso Soup

YOGURT
Drink

野菜優格味噌湯

利用漬過野菜的優格味噌,有著淡淡的甘甜味,加入切成薄片的蔬菜,很快地就可以完成味噌湯。

食材

白蘿蔔 …………………	數片
洋蔥 …………………	1/2個
海帶芽 …………………	1小把
優格味噌 ………	3〜4大匙
水 …………………	適量

做法

1-白蘿蔔削皮切薄片;洋蔥切成細絲;海帶芽清水洗淨。

2-將白蘿蔔、洋蔥和海帶芽放入水中,煮約10分鐘。

3-熄火後加入優格味噌,輕輕拌勻。

point

· 這道湯品還可以加入引出甜味的蔬菜,如高麗菜、胡蘿蔔等。

· 熄火後才能加入優格味噌,避免煮久變苦、營養流失,若是鹹度不夠,可另加少許鹽調味。

營養特色

味噌含有大豆異黃酮、黃豆固醇及類黑精等抗氧化物質,是日本人對抗自由基的祕密武器!除了煮湯外,還可以應用在醃漬蔬菜及燒烤上,只要注意鹹度的拿捏,每日適量攝取,有益身體健康。

YOGURT
Soups &
Drinks

毛豆濃湯

蛋白質滿分的毛豆，以優格取代高熱量的鮮奶油，更能突顯毛豆的美味。

食材

毛豆 ………………… 200克
優格 ………………… 60克
無鹽奶油 ………………1大匙
洋蔥末 ………………… 100克
月桂葉 ………………… 2片
水 ………………… 100～150克
鹽 ………………… 適量
黑胡椒粉 ………………… 適量

做法

1- 將毛豆洗淨備用。

2- 無鹽奶油以小火加熱，融化後倒入洋蔥末。

3- 待洋蔥末拌炒軟化後，加入毛豆、水和月桂葉一起煮。

4- 約煮10～15分鐘，夾出月桂葉，以調理棒直接打成泥。

5- 加入優格及適量的水調整成喜愛濃度。

6- 以鹽、黑胡椒粉調味，小火煮至微滾即完成。

優格梅酒

日本風行的優格梅酒,在家也能製作完成。嚐起來微酸微甜,而且有點順口,很容易一不小心就喝醉了。

食材

梅酒 ………… 30~40c.c.
優格 ………………… 2大匙
汽泡水 ……………… 適量
冰塊 ……………… 適量

做法

1-將梅酒、優格放入杯中攪拌均勻。
2-倒入適量的汽泡水、冰塊即可享用。

point ————————

· 建議使用攪拌棒,優格較不易結塊。
· 久放容易有沉澱現象,飲用時可先攪拌一下。

YOGURT
Soups &
Drinks

蜂蜜乳清飲

製作希臘優格時滴濾出來的乳黃色液體就是營養價值很高的乳清，除了可以拿來醃肉、做麵包時取代液體外，其實加入蜂蜜攪拌均勻就是非常好喝的飲料了。

食材

乳清 ……………… 1份
蜂蜜 …………… 適量

做法

1- 將蜂蜜倒入乳清中，攪拌至融化即可享用。

Ayran

YOGURT
Soups &
Drinks

土耳其鹹味酸奶

這個土耳其經典飲料在土耳其裡的地位有如美國的可樂、
臺灣的蘋果西打,吃大餐時來一杯去油解膩,夏天快要中
暑時來一杯還能消暑解渴。
這麼神奇的飲料材料只有「原味優格」、「水」和「鹽」
而已,做法也十分簡單!

食材

原味優格········ 300克
水 ················· 150克
鹽 ··············· 1/2小匙

做法

1. 將所有材料放在調理機中,攪打均
   勻至起泡。飲用時可以加一點新鮮
   薄荷葉更添風味。

Strawberry Yogurt Drink

YOGURT
Soups &
Drinks

草莓優酪乳

草莓口味的優酪乳很受小朋友歡迎，可是仔細看一下成分
列表，除了該有的優格外，還添加色素、增稠劑和香料，
這些對孩子健康無益的添加物能不吃最好，只要有自製優
格鮮奶和冷凍草莓，要喝草莓優酪乳隨時可以自己做！

食材

優格 ⋯⋯⋯⋯⋯ 150克
鮮奶 ⋯⋯⋯⋯⋯ 150克
冷凍草莓⋯⋯⋯⋯ 80克
蜂蜜 ⋯⋯⋯⋯⋯⋯ 適量

做法

1- 將所有材料放入調理機中，攪打成均勻的飲料。

point

· 我平時喜歡囤些冷凍莓果，想吃
時隨時可以變化出各種飲料給孩
子喝。這個做法還可以做成藍莓
口味，或加上時令水果做出綜合
水果口味的優酪乳，健康又無負
擔，只要記得優格和鮮奶為1:1
的比例就可以做出來。

YOGURT
Soups &
Drinks

熱帶風味雷西飲料

雷西（Lassi）是印度料理中最經典的解暑飲料，且製法很簡單，只要將優格、水及冰以 1:1:1 的比例混合，再加以糖漿或新鮮水果調味。這杯用濃濃熱帶風情的鳳梨和椰奶一起和優格做成的雷西，別有一番風味哦！

食材

優格	200克
椰奶	100～150克
鳳梨罐頭	1罐
薑泥	約1小匙
冰塊	適量

做法

1- 將優格、冰塊、椰奶、鳳梨罐頭果肉及汁液、薑泥一起用調理機打成滑順的飲料。喜歡喝甜一點的，可以另加糖。

point

· 如果鳳梨是用新鮮的，記得挑熟一點的，或把鳳梨用乾鍋煎到表面有點焦糖化再一起打，香氣和甜味會更好！

Chocolate Yogurt Drink

YOGURT
Soups &
Drinks

熱巧克力優格

冷冷的冬天最適合來一杯溫暖身心的熱巧克力了,而優格溫
和的酸味和巧克力意外的合拍,冬天的早上如果想要溫暖身
體又想吃優格,不妨試試這個飲料!

食材

優格 ………… 150克
鮮奶 ………… 150克
巧克力 ……… 6～8克

做法

1- 將優格和鮮奶混合均勻,巧克力
切碎。

2- 把巧克力碎屑加入優格鮮奶中,
用微波爐600W加熱30秒後取
出,攪拌均勻。如果還有未融化
的巧克力,再加熱20秒,溫溫的
就可以飲用了!

point

· 優格過度加熱會破壞乳酸菌,所以加熱到溫
溫的就可以。

YOGURT
Soups &
Drinks

莓果紅酒優格果昔

果香味濃厚的紅酒和香甜的莓果是好搭檔，而希臘優格中和了刺激的酸味也帶來濃厚的口感，是專屬於大人的夏天健康飲料。

食材

冷凍藍莓⋯⋯⋯ 60克
冷凍草莓⋯⋯⋯ 60克
紅酒⋯⋯⋯⋯⋯100c.c.
希臘優格⋯⋯⋯100克
蜂蜜‥視個人口感添加

做法

1. 將所有材料放入調理機中，攪打成果昔。

point

· 冷凍莓果一年四季都可以取得，也取代了冰塊，讓果昔的口感更綿密。

優格可爾必思氣泡飲

用自己煮的檸檬糖漿加些希臘優格,嚐起來的味道就像市售
的可爾必思,也有點像養樂多喔!再加上有氣泡的蘇打水,
就是清涼消暑的可爾必思汽水了!

食材

希臘優格 ················ 2大匙
蘇打水 ················ 150c.c.

[檸檬糖漿]
檸檬 ······················ 2顆
糖 ······················ 200克
水 ······················ 400克

做法

1- 檸檬洗淨,用刨刀刮下檸檬皮屑。注意
不要刨到白色部分,會有苦味。檸檬擠
汁備用。

2- 取一小鍋,放入檸檬皮屑、糖、水和檸
檬汁,開中火煮到糖融化後靜置放涼。

3- 過濾檸檬皮屑,剩下的糖漿裝入密封罐
保存。

4- 杯中放入希臘優格,加入4大匙檸檬糖
漿,用攪拌匙攪拌均勻,再倒入蘇打
水,就是好喝的優格可爾比思氣泡飲。

point

· 蘇打水也可換成氣泡水,但氣泡水的氣泡會比較快消失。
· 飲料久放會有沉澱現象,建議調好後盡快喝完,或是喝時
再攪拌一下即可。
· 做好的檸檬糖漿放入密封罐中,冰箱保存。

YOGURT
Soups &
Drinks

腰果可可優格奶昔

可可優格和腰果一起打至滑順，再加些鮮奶成了香醇的奶昔，多了堅果的香氣，喝起來有幸福感呢！

食材

無調味腰果 ············ 100克
希臘優格 ············ 100克
可可粉 ·············· 1大匙
楓糖漿 ·············· 1大匙
鮮奶 ················ 200克

做法

1- 將所有材料（除楓糖漿外）都放入果汁機中，攪打至腰果幾乎成糊狀即停止。

2- 再慢慢加入楓糖漿，邊加邊試味道，調整到自己喜愛的甜度。

point

‧ 可在表面灑上切碎的腰果、可可粉做裝飾，讓飲品看起來更可口。

YOGURT
Soups &
Drinks

蜂蜜地瓜優格奶昔

地瓜營養價值高且富含纖維質,是很好的澱粉來源。早晨喝
一杯地瓜優格奶昔,讓腸胃無負擔,整個人神清氣爽!

食材

地瓜	1條(約150克~200克)
希臘優格	100克
鮮奶	100克
蜂蜜	2小匙

做法

1- 將地瓜洗淨,削去外皮,切小塊,放進電
   鍋中蒸15~20分鐘,直至地瓜軟熟。

2- 將蒸軟的地瓜取出1小匙備用,再將剩餘地
   瓜和所有材料放入果汁機中攪打均勻(圖
   2-1、2-2)。

3- 試味道,可依個人口味再加蜂蜜調整甜
   度;倒入杯中,放些熟地瓜塊,可另外灑
   些奇亞籽裝飾。

營養特色

地瓜是公認的健康食材,除了豐
富的維生素、礦物質外,低升醣
指數是它的一大特色,可以幫助
減緩血糖的震盪。此外,利用地
瓜的高膳食纖維,搭配富含乳酸
菌的優格,再以具有潤腸作用的
蜂蜜調味,是一杯可令人神清氣
爽的順暢飲品。

point

· 每條地瓜的甜度不同,打出來的奶昔味道也不同,
  建議依個人口味調整甜度。

· 地瓜是這杯奶昔的風味來源,建議依上面的食譜份
  量,地瓜不要小於150克,味道才濃郁。

Part 6

甜蜜下午茶好滋味！
優格點心

對很多人來說，不管吃多飽總還有第二個胃可以塞下美味甜點，但高糖、高油的美味甜點，常常讓人在開心品嚐後，立刻產生滿滿的罪惡感。

跟著我們一起來利用當季盛產的水果、各式健康訴求的營養食材，搭配自製美味優格，做出低熱量又美味的甜點，好好滿足你第二個胃，讓身心靈都舒暢！

YOGURT
Desserts

草莓可麗餅

法式可麗餅有多種吃法，除了各種冰淇淋、水果，還可以層層疊疊變成千層蛋糕，但都離不開鮮奶油。現在用希臘優格取代鮮奶油，一樣有著綿滑的口感，但熱量卻更低！

食材

[可麗餅]（26公分平底鍋，10片量）

優格 ························· 180克
乳清 ························· 120 克
雞蛋 ····························· 2顆
麵粉 ························· 130克
鹽 ·························1/2小匙
糖 ··························· 1大匙
植物油或融化奶油 ··········· 45克

[內餡]

希臘優格 ····················· 200克
草莓 ····························· 40顆

蜂蜜 ····························· 適量

做法

1- 將可麗餅全部材料加入調理機中，攪打成均勻的麵糊，靜置至少30分鐘以上。

2- 在平底鍋中均勻抹上油，倒入約60c.c.的麵糊。

3- 當餅皮邊緣金黃且稍微翹起來時（圖3-1），翻面再煎約10秒即可起鍋（圖3-2）。

4-草莓洗淨擦乾，切半備用。

5-餅皮放涼後，先抹上希臘優格（圖5-1），再放入
草莓（圖5-2），包好即成（圖5-3）。

6-最後淋上蜂蜜就可以享用。

point

·若不是正值草莓季，也可包入當令的各種柔軟水果，像是芒
果、奇異果都很適合！

·嗜甜的你，也可以將200克的希臘優格與煉乳20克、奶粉20
克、糖粉50克拌勻成甜口味的抹醬，會有更濃郁的奶香味。

No Bake Yogurt Cheesecake

YOGURT
Desserts

蜂蜜檸檬免烤優格起司蛋糕

2018年最夯的詞一定有蜂蜜檸檬！把這兩個食材一起加入大人氣的免烤起司蛋糕中，綿密滑潤的蛋糕除了蜂蜜的香氣，還有檸檬清爽的酸味，加入優格讓熱量降低、口感更輕盈！

食材 （可做一個6吋起司蛋糕）

[餅乾底]
消化餅 ·············· 75克
奶油 ·············· 40克

[乳酪糊]
奶油乳酪 ·············250克
希臘優格 ·············100克
檸檬汁 ·············· 50c.c.
檸檬皮屑 ········· 1/2顆量
水 ·················· 1大匙
鮮奶油 ··············150克
吉利丁 ·············· 8克
蜂蜜 ··················80克

做法

1- 製作餅乾底：將消化餅用擀麵棍碾碎後，加入融化的奶油拌勻。

2- 將餅乾碎倒入鋪上烘焙紙的蛋糕模中，以湯匙背面均勻的壓實，放入冰箱冷藏備用。

3- 製作乳酪糊：將放置室溫軟化的奶油乳酪打成乳霜狀，加入希臘優格、檸檬汁、檸檬皮屑和蜂蜜攪拌均勻。

4- 將吉利丁泡冰塊水（材料份量外），泡軟後撈出瀝乾，放在一個小碗中，加1大匙水，隔水加熱融化成液體。

5- 鮮奶油打發至可以看到紋路，再與吉利丁液一起拌入做法3的乳酪糊中。

6- 從冰箱取出鋪上餅乾底的蛋糕模，將乳酪糊緩緩倒入，放置冰箱至少4小時後再脫模。

※脫模前用溫熱的毛巾或吹風機稍微加熱，烤模會更容易脫模。

point

·如果脫模後發現表面或側邊不夠光滑，可以用湯匙泡熱水後拭乾，用湯匙背面輕輕抹在不平整的地方，再把蛋糕放回冷藏。

YOGURT
Desserts

香料薑汁磅蛋糕

這道的靈感是來自於薑餅人餅乾。聖誕節到來的時節，配著熱熱的紅茶和一片香氣濃郁又微微辛辣的磅蛋糕，絕對是冬季午後最完美的點心。

食材

鬆餅粉	300克
雞蛋	2顆（室溫）
優格	220克
黑糖	80克
奶油	100克
薑泥	20克
眾香子粉	1/2小匙（可略）
肉桂粉	1/2小匙
蜜漬橙皮	30克

做法

1- 將烤模塗上融化的奶油（材料份量外），再均勻撒上薄薄的麵粉（材料份量外），如果是夏天建議放進冰箱備用。

2- 先將奶油放置室溫軟化，以打蛋器打成乳霜狀，再分次加入雞蛋，直到蛋液完全被吸收。

3- 準備另一個碗，將優格、香料、薑泥和黑糖拌勻。

4- 最後將鬆餅粉、奶霜糊、優格糊和切成丁的蜜漬橙皮攪拌均勻，倒入烤模中，送進預熱180℃的烤箱，共烤35～40分鐘。

5- 中途15分鐘時可先取出，在中央畫一條線後再回烤，讓蛋糕裂紋更美。

point ————
· 這次的磅蛋糕是利用現成的鬆餅粉製作，非常方便。

黑糖烤優格

偶爾嘴饞時，想要來點健康又能滿足口腹之慾的點心，我最推薦這一道。希臘優格溫潤的口感經過烘烤後配上黑糖，很能滿足口慾又有飽足感呢！

食材

希臘優格·············· 1份
黑糖 ················· 適量

做法

1- 將滴濾超過24小時的希臘優格平鋪在烤皿上。

2- 灑些黑糖。

3- 放進烤箱，以170℃烘烤約10分鐘。

point

· 烤的時間可以從10～30分鐘，烤越久水分越少，口感就越Q！

Pomelo Froyo

柚香雪酪

只要一個袋子就能做出綿密的冰淇淋，這麼簡單的料理怎麼可以錯過呢！

食材

希臘優格 …………… 250克
韓國柚子醬 …… 約2～3大匙

做法

1- 將希臘優格和果醬倒入夾鍊袋中，搓揉均勻後攤平，放進冰箱冷凍。

2- 30分鐘後取出，再搓揉攤平一次。等到凍至硬透即可享用。

point

· 優格中的水分含量越少就越能做出綿密的口感，所以建議使用至少滴濾48小時以上的希臘優格，綿密的口感會讓你驚訝不已。

· 不僅可以用柚子醬，任何果醬都可以使用。如果沒有果醬，加入蜂蜜也是不錯的選擇。

YOGURT
Desserts

優格奇亞籽布丁

奇亞籽是減肥人都一定知道的超級食物，小小一顆卻能吸收自體10倍的水分，可以增加飽足感。利用奇亞籽此特性來製作布丁，就是可以安心享用，卻不用擔心熱量又有飽足感的優質點心！

食材

優格 ⋯⋯⋯⋯⋯⋯⋯150克
鮮奶 ⋯⋯⋯⋯⋯⋯⋯150克
奇亞籽 ⋯⋯⋯⋯⋯⋯40克

做法

1-將優格和鮮奶混合均勻，拌入奇亞籽。

2-倒進容器中，用保鮮膜密封，放進冰箱一晚。

3-享用時可以搭配各種水果、穀片以及蜂蜜一起享用。

point

・拌入奇亞籽後的30分鐘就可以享用，但如果想要吃軟嫩一點口感，建議冰一晚再吃！

YOGURT

Desserts

優格巧克力芭芭露

利用棉花糖的凝固能力、甜味及風味,就能夠輕鬆做出這道爽口的優格甜點!

食材

希臘優格 ………… 100克
蛋黃 ……………… 2顆
※如怕蛋黃腥味也可以不加。
棉花糖 …………… 7顆
苦甜巧克力………… 5克

做法

1- 將棉花糖放進耐熱碗中,以500W微波加熱40秒至融化膨脹。

2- 倒入蛋黃快速攪拌,再以500W微波15秒,若有未融化的棉花糖可以再加熱10秒。

3- 利用餘溫倒入切碎的苦甜巧克力,攪拌至均勻。

4- 最後加入希臘優格拌勻後,倒入喜歡的容器放置3小時至凝固。

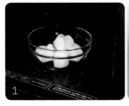

point

·記得棉花糖和蛋黃要分次加熱,尤其加入蛋黃後只能短時間快速加熱,不然蛋黃會結塊,口感會差很多。

芒果百香果優格冰棒

以希臘優格取代冰棒中的水分，增加綿密細緻的口感；使用天然水果製作，再用少許蜂蜜增加甜味，夏日吃自己做的冰棒，消暑又健康！

食材

百香果 ························· 3顆
芒果 ·· 1顆（果肉約250克）
希臘優格 ··············· 200克
蜂蜜 ······················· 4大匙

做法

1- 將水果洗淨，百香果對半切，挖出果肉；芒果去皮切丁備用。

2- 將處理好的水果倒入食物處理機，加入希臘優格、蜂蜜，一起攪打至柔滑均勻。

3- 打好的果泥倒入冰棒模中，放入冰箱冷凍至少6小時至完全結凍。

point

· 每個水果的甜度不一，攪打後建議先試吃果泥的酸甜度，依個人口味增減蜂蜜量。

YOGURT
Desserts

優格巧克力布朗尼

布朗尼是相當簡單又受歡迎的甜點之一，紮實的口感是它的特色，用楓糖漿和優格取代部分糖量與液體，烤出來的布朗尼外層酥脆、裡面濕潤，是療癒的午茶點心。

食材

苦甜巧克力	100克	楓糖漿	30克
無鹽奶油	80克	優格	10克
雞蛋	2顆	低筋麵粉	60克
糖	50克	可可粉	10克

做法

1-將烤模鋪上烘焙紙，烤箱預熱170℃。

2-將奶油與巧克力放入鋼盆中，隔水加熱至融化。

3-加入糖與可可粉，攪拌均勻。

4-再加入楓糖漿與優格，繼續攪拌均勻。

5-打入雞蛋，慢慢攪拌均勻。

6- 將低筋麵粉過篩，倒入鋼盆中，輕輕地與巧克力麵糊切拌均勻至無粉粒狀態。

7- 將完成的麵糊倒入烤模中，表面用刮刀稍微整平，放進預熱好的烤箱烘烤16〜18分鐘；烤好後，用竹籤插入蛋糕體測試，若有沾黏一點蛋糕屑，就表示可以出爐了。

point

· 隔水加熱時，要仔細觀察融化情形，巧克力超過60℃會油水分離，所以差不多融化9成時，就可以離火，用餘溫慢慢攪拌融化。

· 我是用20x20公分的方型烤模，若你的烤模比較大，可增加份量烘烤，建議烤16分鐘時用竹籤測試，若沒有沾黏一點蛋糕屑，每分鐘再測試一次。想要烤出裡面濕潤的布朗尼，烘烤時間要拿捏剛好。

YOGURT
Desserts

低熱量優格生巧克力

優格取代高熱量的鮮奶油，只要三種材料，就可完成生巧克力，完全不用擔心熱量破表！

食材

優格 ························· 50克
75%苦甜巧克力塊 ······ 100克
無糖可可粉 ················ 2大匙

做法

1- 準備一個容器，鋪上烘焙紙。

2- 隔水加熱巧克力（圖2-1），待融化後加入優格攪拌均勻（圖2-2）。

3- 將巧克力優格倒入容器中並抹平。

4- 蓋上蓋子，放入冰箱冷藏至少1小時，或是冷凍30分鐘（依照份量調整時間）。

5- 待巧克力變硬後，取出切塊，並灑上可可粉。

point

· 不同優格水分不盡相同，可自行酌量調整份量。

· 無添加防腐劑，建議少量製作，儘快食用完畢。

優格藍莓球

健康、低熱量、美味且容易製作，炎炎夏日時，吃起來相當消暑，也不用擔心小朋友攝取過多的糖分。

食材

希臘優格 ················ 70克
藍莓 ··················· 1盒

做法

1- 將藍莓洗淨後擦乾。

2- 放入希臘優格，可用乾淨筷子或牙籤夾取，將藍莓表面沾滿優格。

3- 放進冰箱冷凍約3小時。

point

· 可加少許蜂蜜增加甜度。

· 可換成其他莓果類，也相當適合。

韓式煎糖餅

冬天韓國街頭常見的小吃，用油鍋煎至表面金黃，外皮QQ軟軟，加上融化的黑糖餡，令人驚艷不已，是個溫暖人心療癒的食物。特別改良預拌粉配方，讓麵團具延展性卻不濕黏，在家也能做出美味的煎糖餅！

食材

[餅皮]

高筋麵粉	100克
糯米粉	25克
太白粉	25克
優格	100克
速發酵母粉	2克
糖	10克

[內餡]

黑糖粉	適量

做法

1- 將餅皮全部材料放入容器內，攪拌均勻成無粉粒團狀，手揉約5分鐘。

2- 鋪上保鮮膜或溼布，置於30℃或溫暖處發酵50分鐘。

3- 將麵團分割成5等份，每顆約55克，依序滾圓。

4- 取麵團輕壓排氣後，擀成圓餅狀，放上5～7克的黑糖粉。

5- 將麵團包起來，且捏緊收口。

6- 起油鍋，麵團收口處朝下，用鍋鏟輕輕壓扁，煎至表面金黃即可。

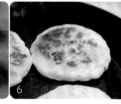

point

· 內餡可加入綜合堅果碎、少許肉桂粉，增添口感及香氣。

· 下鍋煎時，以小火慢煎，輕壓麵團，避免黑糖漿流出。

· 想要口感會更Q軟，可減少高筋麵粉份量，增加糯米粉份量。

Yogurt Dango
With Mitarashi Sauce

174

YOGURT
Desserts

日式醬油糰子

日本隨處可見的小點心，利用優格的保溼性，增加Q彈口感，材料與步驟相當簡單，在家就能輕易完成！

食材

[糰子]
優格 ……………………… 80克
水磨糯米粉………… 80克

[甜醬油]
醬油 ……………………… 30克
砂糖 ……………………… 30克
味醂 ……………………… 5克
水 ………………………… 90克
太白粉水 ……………… 5克

做法

1- 製作甜醬油：將醬油、砂糖、味醂和水倒入鍋內，開中小火待糖融化，慢慢倒入太白粉水調整濃度。

2- 製作糰子：將優格及水磨糯米粉放入容器中，搓揉均勻成無粉粒團狀。

3- 分割麵團並搓圓，每粒大小盡量一致。

4- 煮一鍋水，沸騰後放入糰子，並稍微攪拌，避免沾黏鍋底。

5- 糰子浮起後再煮1分鐘，撈起放入冰水冰鎮，可增加Q度。

6- 用洗淨的竹籤串起糰子。

7- 可用爐火烘烤至表面焦香，更增添米香味，淋上甜醬油即可享用。

1

5

7

point

· 不同優格的水分不盡相同，可自行酌量調整份量。

· 爐火烘烤可以烤箱代替或省略。

百香果優格棉花糖

使用最簡單、最基礎的材料,不以蛋白打發避免產生腥味,做出超Q彈的棉花糖。

食材

百香果汁	200克	蜂蜜	30克
優格	100克	吉利丁	4片
糖	30克	玉米粉	40克

做法

1-將百香果以濾網過濾成新鮮果汁。

2-取一個乾淨容器,鋪上烘焙紙備用。

3-將吉利丁泡冰水,軟化後擠乾水分備用。

4-玉米粉過篩後,以微波爐加熱20～40秒,取出放涼備用。

5-拿一個乾淨鍋子,倒入百香果汁、優格、糖和蜂蜜,以中小火煮沸,請勿攪拌。

6-當煮沸時,轉小火繼續加熱至115～118℃熄火。

7-倒入另一個有深度的鍋,快速放入吉利丁攪拌融化。

8-接著使用攪拌器全程高速打發,時間約10～15分鐘,直至滴下有痕跡即可。

9-儘快倒入容器內,輕輕敲出大氣泡,放入冰箱冷藏約3小時。

10-工作檯面上先撒上玉米粉，放入棉花糖，表面也撒上玉米粉。

11-刀子表面可抹上少量油脂，可防止沾黏。切塊時一刀到底，勿來回切，否則表面會較不平整，每面均勻撒上玉米粉。

point

· 可換成各式果汁及調整甜度。

· 液體溫度需達115〜118℃，較不易反潮。

· 玉米粉可加入部分防潮糖粉取代。

芒果優格奶酪

利用優格取代風味濃郁的鮮奶油，口感更加輕盈、輕爽無負擔。

食材

優格	250克
鮮奶	50克
吉利丁	2片
蜂蜜	50克
芒果	適量

做法

1- 將吉利丁剪成小片泡在冰水中，大約10分鐘。

2- 吉利丁軟化後，擠乾水分備用。

3- 準備一個大碗，放入鮮奶、優格、蜂蜜和吉利丁。

4- 隔水加熱攪拌至吉利丁融化。

5- 離火後，可倒入奶酪的容器內。

6- 待稍涼後，放進冰箱冷藏3小時以上，有助於定型。

7- 將芒果切成小塊狀，鋪在奶酪上。

point

· 想要口感更加軟綿，可以酌量增加優格份量。

· 喜歡甜一點的，也可以酌量增加蜂蜜。

· 水果部分，可以更換成自己喜愛的水果。

YOGURT
Desserts

紫陽花抹茶奶酪

上層紫陽花色系的果凍帶來視覺上的清涼感,可以讓初夏
的炎熱消失,最下層的抹茶奶酪與優格是意外的搭配,同
時享受兩種口味。

食材

[下層]	[中層]	[上層]
抹茶粉 ………5克	優格 ……… 150克	蝶豆花 …………… 10朵
熱水 ………20克	蜂蜜 ……… 25克	熱水 ……………… 200克
優格 …… 130克	吉利丁 ……… 1片	糖 ………………… 15克
蜂蜜 ………25克		檸檬汁 ……2c.c.(適量)
吉利丁 ……1片		吉利丁 ……………… 2片

上層 -2

上層 -4

上層 -5

做法

[下層]

1 - 將吉利丁剪小塊，泡冰水10分鐘後瀝乾備用。

2 - 抹茶粉倒入熱水，攪拌均勻並過篩，避免結塊。

3 - 將優格和蜂蜜倒入容器內，隔水加熱至微溫。

4 - 把吉利丁和抹茶倒入優格中拌勻，再裝瓶放入冷藏3小時。

[中層]

1 - 將吉利丁剪小塊，泡冰水10分鐘後瀝乾備用。

2 - 將優格和蜂蜜依序倒入容器內，隔水加熱至微溫。

3 - 把吉利丁倒入優格中，拌勻後放涼。

3 - 取出抹茶奶酪，倒進優格液，放進冰箱冷藏3小時。

[上層]

1 - 將吉利丁剪小塊，泡冰水10分鐘後瀝乾備用。

2 - 蝶豆花用熱水泡開，加糖攪拌均勻，靜置2分鐘。

3 - 另外倒出100c.c.的蝶豆花水，加檸檬汁調整顏色。

4 - 兩種顏色的蝶豆花水，分別加入1片吉利丁片並攪拌均勻，倒入不同的容器冷藏2～3小時。

5 - 取出蝶豆花果凍，可用小刀切成丁狀，或用叉子刮成末狀。

6 - 鋪在奶酪最上層即完成。

point

· 蜂蜜甜度可自行調整。

· 蝶豆花水可自行調整成喜愛的顏色。

YOGURT
Desserts

新鮮草莓派

每到冬天草莓季，新鮮的草莓總是特別誘人，除了直接吃、
煮果醬，勤勞時我還會做草莓派，先做一層派皮、填滿杏仁
奶油餡，杏仁奶油餡讓草莓派口味更有層次，上面抹上加了
煉乳的希臘優格，微酸的乳香，讓草莓派吃起來甜而不膩。

食材 （可做一個6吋草莓派）

新鮮草莓···· 適量

[派皮]
無鹽奶油 ··· 40克
糖粉 ········· 20克
蛋黃 ········· 1顆
鮮奶 ········· 5克
鹽 ········· 1小撮
低筋麵粉 ··· 80克

[杏仁奶油餡]
無鹽奶油 ··· 30克
糖粉 ········· 30克
杏仁粉 ······ 40克
全蛋液 ······ 20克

[優格抹醬]
希臘優格 ···· 80克
煉乳 ···15～20克

做法

1- 先做派皮：將奶油回復室溫軟化後，放入攪拌盆中，用攪拌器打成乳霜狀，加入糖粉、鹽一起拌勻，再加入蛋黃拌勻。

2- 倒入過篩好的低筋麵粉、鮮奶（圖2-1），用刮刀以按壓方式混合均勻，注意不用過度攪拌，會影響口感（圖2-2）。

3- 做好的派皮麵團用保鮮膜包起來，放進冰箱冷藏30分鐘；此時打開烤箱，預熱180℃。

4- 接著製作杏仁奶油餡：另取一個鋼盆，倒入回復室溫軟化的奶油，攪打成乳霜狀，倒入糖粉、杏仁粉攪拌均勻後（圖4-1），加入全蛋液拌勻，倒入擠花袋中備用（圖4-2）。

5- 從冰箱取出派皮麵團，放在6吋派盤中，用手將麵團平均按壓鋪平於盤中，用叉子在底部等距刺洞（圖5-1），擠上杏仁奶油餡（圖5-2），放入預熱好的烤箱，烤至杏仁奶油餡呈金黃色，時間20分鐘。

6- 取出烤好的派皮，戴隔熱手套將派皮脫膜，放置散熱架上冷卻。

7- 將希臘優格與煉乳混合均勻，平均塗抹在已放涼的派皮表面，再依個人創意放上新鮮草莓，整個草莓派就大功告成！

point ————————————

・擠花袋也可以用三明治袋代替，裝上
　杏仁奶油餡後，要使用時，在袋子尖
　端剪一小洞就可以擠出餡了。

・優格抹醬中的煉乳份量可依個人口味
　自行調整，喜愛甜味多些，就再多加
　些煉乳，邊調邊試吃。

附錄 | 港臺用詞對照表

臺灣用語	港澳用語	臺灣用語	港澳用語
優格	乳酪	吐司	多士
酪梨	牛油果	麵包粉	麵包糠
鮪魚	吞拿魚	太白粉	生粉
美乃滋	蛋黃醬	玉米粉	粟粉
巴西利	番茜	吉利丁片	魚膠片
培根	煙肉	奶油	牛油
草莓	士多啤梨	鮮奶油	鮮忌廉
地瓜	番薯	起司	芝士
櫛瓜	意大利青瓜	切達起司	車打芝士
鳳梨	菠蘿	煉乳	煉奶
百香果	熱情果	公分	厘米
白醬	白汁	大匙	湯匙
養樂多	益力多	小匙	茶匙
筆管麵	長通粉	烤箱	焗爐

Delicious Yogurt

益菌 微多多 益生菌 系列

益菌 微多多 **vdodo**
給您健康多更多

DIY機能食品系列

微多多官網
vdodo.com.tw

益菌微多多・DIY優格菌粉・美味健康自己來

天天吃優格・好 菌 多 更 多・讓您健康多更多

3步驟 輕鬆做優格

1.將一包微多多優格活菌粉加入鮮奶一瓶（900~1000毫升），充分攪拌均勻
2.置入優格機中，發酵10-16小時（以凝結完全為發酵完成之依據）
3.取出放入冰箱冷藏8小時，美味優格大功告成

更多的優格分享與討論
請上FB【益菌微多多社團】

益菌微多多 健康多更多

發酵11小時後的狀態

發酵完後送進冰箱冷藏八小時
美味優格就大功告成

台灣華康醫藥生技有限公司　0800-386-468　Web：vdodo.com.tw

紙卡系列

創意生活DIY(2) 工藝篇

定價：450元

出 版 者：新形象出版事業有限公司

負 責 人：陳偉賢

地 　 址：台北縣中和市中和路322號8Ｆ之1

電 　 話：29207133・29278446

ＦＡＸ：29290713

編 著 者：新形象

發 行 人：顏義勇

總 策 劃：范一豪

美術設計：余文斌、雷開明、黃筱晴、李敏瑞

執行編輯：余文斌、雷開明

電腦美編：黃麗鳳

總 代 理：北星圖書事業股份有限公司

地 　 址：台北縣永和市中正路462號5Ｆ

門 　 市：北星圖書事業股份有限公司

地 　 址：永和市中正路498號

ＦＡＸ：29229041　　TEL：02-29229000

郵 　 撥：0544500-7北星圖書帳戶

印 刷 所：皇甫彩藝印刷股份有限公司

行政院新聞局出版事業登記證／局版台業字第3928號
經濟部公司執照／76建三辛字第214743號

國家圖書館出版品預行編目資料

創意生活 DIY. 2, 工藝篇／新形象編著。
　--第一版 。--臺北縣中和市：新形象，
　1999〔民88〕
　　面： 　　公分 。--（紙卡系列）
　ISBN 957-9679-54-1（平裝）

1.美術工藝 - 設計

964　　　　　　　　　　　88004012

西元1999年4月　第一版第一刷

紙卡系列

創意生活DIY(2) 工藝篇

定價：450元

出 版 者：新形象出版事業有限公司
負 責 人：陳偉賢
地　　址：台北縣中和市中和路322號8F之1
電　　話：29207133・29278446
F A X：29290713

編 著 者：新形象
發 行 人：顏義勇
總 策 劃：范一豪
美術設計：余文斌、雷開明、黃筱晴、李敏瑞
執行編輯：余文斌、雷開明
電腦美編：黃麗鳳

總 代 理：北星圖書事業股份有限公司
地　　址：台北縣永和市中正路462號5F
門　　市：北星圖書事業股份有限公司
地　　址：永和市中正路498號
F A X：29229041　　TEL：02-29229000
郵　　撥：0544500-7北星圖書帳戶
印 刷 所：皇甫彩藝印刷股份有限公司

行政院新聞局出版事業登記證／局版台業字第3928號
經濟部公司執照／76建三辛字第214743號

國家圖書館出版品預行編目資料

創意生活 DIY. 2, 工藝篇／新形象編著。
　　--第一版 。--臺北縣中和市：新形象，
　1999〔民88〕
　　面：　　公分 。--（紙卡系列）
　ISBN 957-9679-54-1（平裝）

　1.美術工藝 - 設計

964　　　　　　　　　　　88004012

西元1999年4月　第一版第一刷

北星信譽推薦・必備教學好書

日本美術學員的最佳教材

定價／350元

定價／450元

定價／450元

定價／400元

定價／450元

循序漸進的藝術學園；美術繪畫叢書

定價／450元

定價／450元

定價／450元

定價／450元

最佳工具書

・本書內容有標準大綱編字、基礎素
　描構成、作品參考等三大類；並可
　銜接平面設計課程，是從事美術、
　設計類科學生最佳的工具書。
　編著／葉田園　　定價／350元